上海市工程建设规范

文物和优秀历史建筑消防技术标准

Technical standard for fire protection of heritage buildings and historic buildings

DG/TJ 08—2410—2022
J 16611—2022

主编单位:上海建筑设计研究院有限公司
　　　　　上海市消防救援总队
批准部门:上海市住房和城乡建设管理委员会
施行日期:2023 年 2 月 1 日

同济大学出版社

2023　上海

图书在版编目(CIP)数据

文物和优秀历史建筑消防技术标准/上海建筑设计研究院有限公司,上海市消防救援总队主编. —上海：同济大学出版社,2023.3
ISBN 978-7-5765-0796-6

Ⅰ. ①文… Ⅱ. ①上… ②上… Ⅲ. ①古建筑-消防-技术标准-上海 Ⅳ. ①TU998.1-65

中国国家版本馆 CIP 数据核字(2023)第 040966 号

文物和优秀历史建筑消防技术标准

上海建筑设计研究院有限公司　主编
上海市消防救援总队

责任编辑	朱　勇
责任校对	徐春莲
封面设计	陈益平

出版发行　同济大学出版社　www.tongjipress.com.cn
　　　　　(地址：上海市四平路1239号　邮编：200092　电话：021-65985622)
经　　销　全国各地新华书店
印　　刷　苏州市古得堡数码印刷有限公司
开　　本　889mm×1194mm　1/32
印　　张　2.25
字　　数　60 000
版　　次　2023年3月第1版
印　　次　2023年12月第2次印刷
书　　号　ISBN 978-7-5765-0796-6
定　　价　25.00元

本书若有印装质量问题，请向本社发行部调换　　版权所有　侵权必究

上海市住房和城乡建设管理委员会文件

沪建标定〔2022〕451号

上海市住房和城乡建设管理委员会关于批准《文物和优秀历史建筑消防技术标准》为上海市工程建设规范的通知

各有关单位：

　　由上海建筑设计研究院有限公司、上海市消防救援总队主编的《文物和优秀历史建筑消防技术标准》，经我委审核，现批准为上海市工程建设规范，统一编号为 DG/TJ 08—2410—2022，自 2023 年 2 月 1 日起实施。

　　本标准由上海市住房和城乡建设管理委员会负责管理，上海建筑设计研究院有限公司负责解释。

上海市住房和城乡建设管理委员会

2022 年 9 月 9 日

前　言

根据上海市住房和城乡建设管理委员会《关于印发〈2020年上海市工程建设规范编制计划〉的通知》（沪建标定〔2019〕752号）的要求，标准编制组在充分总结以往经验，结合新的发展形势和要求，参考国家、行业及本市相关标准规范和文献资料，并在广泛征求意见的基础上，编制了本标准。

本标准的主要内容有：总则；术语；现场勘察；消防安全布局和公共消防设施；建筑防火设计；建筑消防设施；施工和使用期间防火。

各单位及相关人员在执行本标准过程中，如有意见和建议，请及时反馈至上海市消防救援总队（地址：上海市中山西路229号；邮编：200051），上海市文物局（地址：上海市四川中路276号；邮编：200002），上海建筑设计研究院有限公司（地址：上海市石门二路258号；邮编：200041；E-mail：siadr@siadr.com.cn），上海市建筑建材业市场管理总站（地址：上海市小木桥路683号；邮编：200032；E-mail：shgcbz@163.com），以供今后修订时参考。

主编单位： 上海建筑设计研究院有限公司
上海市消防救援总队

参编单位： 上海章明建筑设计事务所（有限合伙）
上海都市再生实业有限公司
应急管理部上海消防研究所
同济大学
上海交通大学
华东建筑集团股份有限公司上海建筑科创中心
上海静安建筑装饰实业股份有限公司
上海通邑能源科技有限公司

主要起草人：杨　波　　邹　勋　　邢朱华　　凌颖松　　王　薇
　　　　　　胡佳妮　　刘　怡　　林　澐　　杨君涛　　马立果
　　　　　　何　焰　　徐　凤　　张　鹏　　曹永康　　赵华亮
　　　　　　曹晴烨　　王　朔　　方　珉　　王　伟　　邓　昕
　　　　　　董云霓　　崔华卓　　刘　伟　　丘博文　　季晓琰
　　　　　　姜灵露
主要审查人：党　杰　　王宗存　　谭玉峰　　姚　政　　钱　敏
　　　　　　郑晋丽　　孙　岩

上海市建筑建材业市场管理总站

目　次

1 总　则 ·· 1
2 术　语 ·· 2
3 现场勘察 ·· 4
4 消防安全布局和公共消防设施 ······························ 7
　4.1 一般规定 ·· 7
　4.2 总平面布局 ·· 7
5 建筑防火设计 ·· 10
　5.1 一般规定 ·· 10
　5.2 防火分区和层数 ······································ 11
　5.3 平面布置 ·· 13
　5.4 安全疏散和灭火救援设施 ······························ 16
　5.5 建筑材料与构造 ······································ 22
　5.6 室内装修 ·· 23
　5.7 危险部位的控制 ······································ 23
　5.8 重点保护部位的保护 ·································· 23
6 建筑消防设施 ·· 25
　6.1 消防给水及灭火系统 ·································· 25
　6.2 防烟、排烟及通风空调系统 ···························· 26
　6.3 消防电气 ·· 27

7 施工和使用期间防火	31
7.1 施工期间防火	31
7.2 使用期间防火	32
本标准用词说明	33
引用标准名录	34
条文说明	35

Contents

1 General provisions ································· 1
2 Terms ································· 2
3 Site investigation ································· 4
4 Fire safety layout and public fire fighting facilities ········· 7
    4.1 General requirements ································· 7
    4.2 General layout ································· 7
5 Design of building fire protection ································· 10
    5.1 General requirements ································· 10
    5.2 Fire compartment and stories ································· 11
    5.3 Plane arrangement ································· 13
    5.4 Safe evacuation, refuge and fire hydrant system ······· 16
    5.5 Material and detailed constructions of building ······ 22
    5.6 Interior finishes ································· 23
    5.7 Hazardous spaces and elements control ················ 23
    5.8 Protection of key protected parts ······················ 23
6 Fire protection systems and equipment of the building ································· 25
    6.1 Fire protection water supply and fire extinguishing system ································· 25
    6.2 Smoke management, ventilating and air conditioning system ································· 26
    6.3 Fire protection eletric system ································· 27

7 Fire prevention during construction and use ·············· 31
　　7.1　Fire prevention during construction ················ 31
　　7.2　Fire prevention during use ···························· 32
Explanation of wording in this standard ······················ 33
List of quoted standards ·· 34
Explanation of provisions ··· 35

1 总　　则

1.0.1 为促进本市近现代文物建筑和优秀历史建筑的保护与活化利用工作，预防火灾发生，减少火灾损失，保护人身和财产安全，制定本标准。

1.0.2 本标准适用于本市文物建筑中的近现代文物建筑和优秀历史建筑（以下简称"保护建筑"）的改造、装饰装修（以下简称"改造"）工程的防火设计，不适用于作为工业功能使用的保护建筑，及文物中的古建筑、古文化遗址、古墓葬等。

1.0.3 保护建筑的改造工程的防火设计应遵循下列原则：

　　1 防火与保护并重。在提升消防安全性能的同时，不得损害保护建筑的价值，不得破坏重点保护部位。消防设施的增设应具有可逆性，并注意新增设施的隐蔽性，以保持原建筑风貌。

　　2 确保安全，有效提升。针对保护建筑的保护重点和火灾特点，采取合适的消防措施。保护建筑的改造工程不得降低保护建筑原有消防安全技术水准，通过有效补短板，实现消防安全性能提升。

　　3 创新方法，统筹兼顾。尊重保护建筑的历史与原状，通过采取科学合理有效的技术措施和加强使用管理等进行消防性能补偿，鼓励应用新工艺、新材料和新技术，实现保护建筑改造工程可行性和技术合理性的统筹协调。

1.0.4 保护建筑的改造工程除符合本标准外，尚应符合国家、行业和本市现行有关标准的规定。

2 术　语

2.0.1　近现代文物建筑　modern building heritage
1840年以后建造的具有历史、科学、艺术价值，并已公布为全国重点文物保护单位、省级文物保护单位、市县级文物保护单位及登记为不可移动文物（文物保护点）的非传统古建筑体系的建筑物和构筑物。

2.0.2　优秀历史建筑　historic buildings
由上海市人民政府批准确定并公布，建成30年以上，其建筑样式、施工工艺和工程技术具有建筑艺术特色和科学技术研究价值，或反映地域建筑历史文化特点，或为著名建筑师的代表作品，或与重要历史事件、革命运动或者著名人物有关的建筑，或在我国产业发展史上具有代表性的作坊、商铺、厂房和仓库，以及其他具有历史文化意义的历史建筑。

2.0.3　里弄住宅　lane residence
近代在上海与国内其他地区由房地产商投资并结合住户对象的不同需求而成批建造、分户出租的类联排住宅建筑。本标准中的里弄住宅主要包括石库门里弄、广式里弄与新式里弄。

2.0.4　重点保护部位　key protected part
集中反映文物和优秀历史建筑的历史、科学和艺术价值以及完好程度的建筑环境、空间、部位和构件。主要体现在建筑的全部或部分立面、结构体系、有特色的基本平面、空间格局和内部装饰。

2.0.5　消防道路　fire lane
根据文物和优秀历史建筑防火需要和实际情况确定的，供一般消防车、小型消防车、消防摩托车以及运载手抬机动消防泵车辆通行和人员疏散的道路。

2.0.6 消防组团　fire building group

为避免火灾蔓延，对集中连片的文物建筑群和优秀历史建筑群，采用适宜措施分隔的若干独立防火区域。

3 现场勘察

3.0.1 保护建筑改造前,应对保护建筑的火灾危险源、建筑防火等情况进行现场勘察,并将现场勘察结果作为保护建筑防火设计的依据。

3.0.2 现场勘察的范围除保护建筑外,还应包括外围可能对保护建筑的消防安全造成影响的区域。

3.0.3 现场勘察宜包括但不限于表 3.0.3 所列内容。

表 3.0.3 现场勘察内容

类别	分项	现场勘察内容
基本概况	现状	建筑特点,结构形式,建筑用途;必要的总平面图,既有消防设施系统图,保护对象的平、立面现状实测图等
	保护情况	保护等级,保护方案,保护范围,重点保护部位,保护价值;保护管理机构或专人管理设置的情况
火灾危险源	历史火灾	保护建筑及其周边区域建筑的火灾情况,包括火灾的致灾因素、过火面积、人员伤亡、财产损失、建筑受损、重点保护部位受损、建筑消防设施动作等情况等
	固定可燃物	可燃的柱、梁、墙、板、楼梯、固定隔断等建筑构件的尺寸、体积等
	移动可燃物	建筑内部家具、商业经营货品、仓储货物等可燃物的材质、数量、体积或重量;建筑内部装饰装修材料的燃烧性能、厚度、面积、体积等
	用火、用气、用油	炊事明火、祭祀用火使用情况及不安全的行为;燃气使用,燃气钢瓶的容量和设置等情况及不安全的行为;可燃液体的种类、储量、使用等情况及不安全的行为
	用电	配电箱材质及安装方式、配电线缆的敷设和接线、配电系统绝缘、配电保护措施;终端用电设备是否满足电气火灾防范要求

续表 3.0.3

类别	分项	现场勘察内容
火灾危险源	周边重大火灾危险源	周边易燃易爆场所和设施;周边可燃物堆垛
	雷击气象条件	有无防直击雷保护装置;保护装置是否完整有效
建筑防火	建筑参数	建筑高度、层数、面积,院落占地面积
	耐火等级	建筑墙、柱、梁、楼板等主要构件的做法,建筑材料燃烧性能和厚度
	防火间距	建筑外墙之间或可燃性外檐之间的间距;建筑外墙门窗洞口与周边建筑外墙门窗洞口或可燃物之间的间距;建筑本体每面外墙门窗洞口面积、外墙面积,相对其他建筑外墙门窗洞口面积、外墙面积
	疏散条件	建筑内部人员荷载情况;安全出口、疏散通道数量及宽度,最远疏散距离;疏散楼梯、疏散通道等疏散路径的围护结构建筑材料燃烧性能和厚度
消防设施	消防给水系统	消防水源;给水管网供水压力、流量;室内外消火栓数量、栓口压力、使用完好度、间距、分布;水带、水枪、轻便消防水龙配置情况、完好情况;必要时调研极端条件下管网压力、流量等
	灭火系统和设施	自动喷水灭火系统或简易自动喷水灭火系统、其他自动灭火系统、灭火器、其他移动灭火装置的配置情况,以及合理性、完好性和有效性
	火灾自动报警系统	火灾自动报警系统(装置)的配置情况、合理性、完好性和有效性;电气火灾监控系统或装置的配置情况,以及合理性、完好性和有效性
	防排烟系统	防排烟系统的配置情况,以及合理性、完好性和有效性
	消防电源及配电	消防电源可靠性;消防配电线路选型及敷设、消防设备的控制或保护电器等是否满足规范要求;消防联动控制的设置是否可靠;整体消防配电系统能否满足消防安全的需要

续表3.0.3

类别	分项	现场勘察内容
消防设施	消防应急照明和疏散指示标志	备用照明、疏散照明、疏散指示灯具或标识的设置情况;应急照明灯具的完好情况
	消防控制室	消防控制室的位置、面积、设备配置情况;消防控制室人员值班及持证上岗等情况
消防救援	消防救援条件	消防扑救场地,消防装备配备情况,消防道路通行条件;微型消防站或志愿消防队伍建设等情况
	消防救援站	周边消防救援站布置情况;能否满足 5 min 内到达火场要求

3.0.4 现场勘察应编写现场勘察文件,现场勘察文件应包括勘察报告和现状照片。现状照片应真实、准确、清晰地反映保护建筑的周围环境、主要区域、建筑内部和外部等涉及消防安全的现状情况;照片应依序编排,并配以必要和清晰的文字说明。

4 消防安全布局和公共消防设施

4.1 一般规定

4.1.1 保护建筑改造工程的防火设计应包括下列内容:总平面布局、消防道路、消防供水、消防供电以及建筑防火、建筑消防设施配置、火灾危险源控制等。

4.1.2 保护建筑所在区域的消防安全布局、消防救援站规划及消防装备、消防通信、消防水源、消防车通道建设等内容应纳入所在行政区总体规划。

4.2 总平面布局

4.2.1 保护建筑与周边建(构)筑物之间的防火间距应符合现行国家标准《建筑设计防火规范》GB 50016 的相关规定,确因保护要求或现状场地条件限制难以满足,且符合下列规定之一时,可维持原状:

  1 相邻建筑相对外墙均为不燃墙体且无外露可燃性屋檐,两侧墙体的耐火极限之和不低于 3.00 h,相邻外墙均无门窗洞口,或者外墙上的门窗洞口设置甲级防火门、甲级防火窗、防火卷帘、防火分隔水幕等防火分隔设施。

  2 相邻建筑相对外墙均为不燃墙体且无外露可燃性屋檐,两侧墙体的耐火极限之和不低于 3.00 h,门窗洞口不正对且占各自墙面面积不超过 5%。

  3 相邻两座建筑相对外墙中较高一侧外墙为不燃墙体,外墙上无门窗洞口、耐火极限不低于 3.00 h 且无外露可燃性屋檐。

  4 相邻两座建筑相对外墙中有一侧外墙为可燃性墙体或外露可燃性屋檐,但相邻外墙均无门窗洞口、外墙上的门窗洞口按照第 1 款的要求设置防火分隔设施,或者门窗洞口不正对且占各自墙面面积不超过 5% 时,相邻的两座建筑应按下列要求采取消防安全加强措施:

  1) 对于住宅建筑,应在其公共部位和配套商业服务用房设置火灾自动报警系统(装置)和自动灭火系统;

  2) 对于公共建筑,应设置火灾自动报警系统(装置)、自动灭火系统和电气火灾监控系统。

4.2.2 当保护建筑成片存在时,除高层建筑以外,数座保护建筑可成组布置,形成消防组团。消防组团内保护建筑的占地面积总和不宜大于 2 500 m²;当所有保护建筑均设置自动灭火系统时,保护建筑的总占地面积可在原占地面积基础上增加 1.0 倍。消防组团内个别保护建筑单体设置自动灭火系统时,可以增加的占地面积按该建筑单体占地面积的 1.0 倍计算。

4.2.3 消防组团之间的防火间距不应小于 6 m,确因保护要求或现状场地条件限制难以满足时,可采取防火墙、甲级防火窗、甲级防火门、防火水幕等消防措施进行防火隔离。

4.2.4 消防组团内各保护建筑之间的防火间距不宜小于 4 m,确因保护要求或现状场地条件限制难以满足时,可维持原状,但宜符合本标准第 4.2.1 条的相关规定。

4.2.5 当保护建筑为高层建筑,应按现行国家标准《建筑设计防火规范》GB 50016 的规定设置消防车登高操作场地,确因现状场地条件限制难以满足时,可维持原状,但应采取下列一项或多项消防技术措施:

  1 借用符合相关规定的相邻地块用地或城市道路设置消防车登高操作场地。

  2 增设消防电梯、室外楼梯等便于消防救援人员登高救援的设施。

3 人员密集的公共场所宜布置在建筑高度24 m以下的楼层。

4 增设火灾自动报警系统（装置）、自动灭火系统和电气火灾监控系统。

4.2.6 保护建筑周边的道路应满足消防救援人员和消防装备安全、快捷通行的要求，并应符合下列规定：

1 消防组团外围应设置环形消防道路，确有困难时，可沿消防组团的两个长边设置消防道路。

2 消防道路的宽度不宜小于4 m。

3 跨越消防道路的管架、线路、栈桥等障碍物不应影响消防车辆的通行和消防救援行动。

4.2.7 保护建筑内增设老年人、儿童、残疾人等弱行为能力人群的照料服务场所时，保护建筑的消防车道、消防车登高操作场地、与周边建筑之间的防火间距应满足现行国家标准《建筑设计防火规范》GB 50016的相关规定。

4.2.8 消防道路尽端回车场地如因客观条件限制无法形成完整方形或圆形场地，消防车可利用满足消防车回车要求的不规则场地作为消防回车场地。

4.2.9 消防组团内人员密集的经营性保护建筑，宜布置在消防车容易到达或消防设施完备的区域。

4.2.10 保护建筑微型消防站的建设除应符合现行上海市地方标准《专职消防队、微型消防站建设要求》DB31/T 1330的相关规定外，还应符合下列规定：

1 属于消防安全重点单位的保护建筑应建立微型消防站。其他保护建筑，如距离最近的消防救援站接到出动指令后5 min内不能到达保护建筑所在区域，宜设置微型消防站。

2 微型消防站的选址应满足达到保护建筑任一点不宜超过3 min；当无法满足时，应增设消防器材存放点。

5 建筑防火设计

5.1 一般规定

5.1.1 按照建筑材料的燃烧性能,保护建筑可分为四级:

1 A级,外墙、承重墙、柱、梁、楼板、屋顶承重构件和疏散楼梯等均为不燃材料。

2 B级,外墙、承重墙、柱、梁、楼板等均为不燃材料,屋顶承重构件、疏散楼梯为可燃材料。

3 C级,承重墙、柱均为不燃材料,外墙、梁或楼板为可燃材料。

4 D级,外墙、承重墙或柱为可燃材料。

5.1.2 当保护建筑为近代公共建筑,未改变原始建筑高度及基本平面布局,且建筑高度未超过25.60 m时,其消防车道、消防车登高操作场地、消防电梯、疏散楼梯的防火设计可按现行国家标准《建筑设计防火规范》GB 50016中有关多层建筑的相关要求执行。

5.1.3 保护建筑重点保护构件的燃烧性能无法满足相应耐火极限和燃烧性能等级的要求时,应采取下列一项或多项技术措施确保该构件的耐火极限和燃烧性能不低于现状建筑构件的相应性能:

1 减少火灾荷载。

2 减少和控制火灾危险源。

3 涂刷防火涂料或阻燃涂料。

4 填塞或包覆不燃或难燃材料。

5 增设火灾自动报警系统(装置)、自动灭火系统和电气火灾监控系统等建筑消防设施。

6 其他。

5.1.4 当保护建筑的防火性能无法满足本标准的有关要求时，宜通过限制建筑的使用功能来降低火灾风险。

5.2 防火分区和层数

5.2.1 除本标准另有规定外，保护建筑防火分区最大允许的建筑面积应符合现行国家标准《建筑设计防火规范》GB 50016 的相关规定。

5.2.2 在楼盖为可燃材料的保护建筑地下室中布置功能用房，且该地下室无直通室外的出入口时，应符合下列规定：

1 地下室的建筑面积应计入其对应地上部分的防火分区面积，且该防火分区的最大允许建筑面积不应大于 500 m²。当地下室内局部设置功能用房，且该功能用房与地下室其他区域通过耐火极限不低于 3.00 h 的防火隔墙、甲级防火门、甲级防火窗进行分隔时，地下室其他区域的建筑面积可不计入其对应地上部分的防火分区面积。

2 功能用房应采用耐火极限不低于 1.00 h 的不燃性墙体与地下室的其他区域分隔，墙上的门、窗应采用乙级防火门、乙级防火窗。

3 地下室的疏散门至该防火分区最近安全出口的直线距离应满足现行国家标准《建筑设计防火规范》GB 50016 中关于"袋型走道两侧或尽端的疏散门至最近安全出口的直线距离"的规定。

5.2.3 保护建筑中原状层数大于现行国家标准《建筑设计防火规范》GB 50016 中不同耐火等级建筑的允许层数的规定时，其超出允许层数部分的平面布置应符合下列规定：

1 不应布置老年人、儿童、残疾人等弱行为能力人群的照料服务场所。

2 不应布置人员密集场所。

3 不应布置可燃物品库房。

4 超出允许层数的部分应设置火灾自动报警系统(装置)、自动灭火系统和电气火灾监控系统。

5 当超出允许层数部分的原功能为住宅,且仍然作为住宅使用时,可维持原状。

6 当保护建筑为住宅时,除为住宅配套设置的厨房外,不应增设其他使用明火或高温设施的房间。

7 安全疏散应符合现行国家标准《建筑设计防火规范》GB 50016 的相关规定。

5.2.4 当保护建筑为里弄住宅,且符合下列规定时,其防火分区最大允许的建筑面积可适当增加:

1 当全部设置火灾自动报警系统(装置),且在公共部位设置自动灭火系统时,其所在防火分区的最大允许建筑面积可增加 10%。

2 当全部设置火灾自动报警系统(装置)和自动灭火系统时,其所在防火分区的最大允许建筑面积可增加 1.0 倍。当全部设置火灾自动报警系统(装置),且局部设置自动灭火系统时,其防火分区的增加面积可按该局部面积的 1.0 倍计算。

5.2.5 当保护建筑原状由多个部分在水平方向组合建造,且各部分间采用无任何开口的防火墙分隔,各部分的最大允许建筑层数、防火分区、安全疏散等可按本标准独立计算。

5.2.6 当保护建筑原状由燃烧性能不同的建筑材料上下层垂直组合建造,且下部楼层为砖混结构、钢筋混凝土结构或其他不燃结构,上部楼层为砖木结构、轻型木结构或其他可燃结构,当符合下列规定时,该保护建筑的允许层数可维持原状:

1 下部砖混结构、钢筋混凝土结构或其他不燃结构的楼层同上部砖木结构、轻型木结构或其他可燃结构的楼层之间采用耐火极限不低于1.00 h的不燃性楼板与耐火极限不低于1.50 h的不燃性梁分隔。

2 上部楼层和下部楼层均应设置火灾自动报警系统(装置)、自动灭火系统和电气火灾监控系统。

3 当可燃结构的楼层超过两层时,应对所有可燃的柱、梁、板及楼梯等结构件,按本标准第5.5.2条要求进行防火处理。

5.2.7 当保护建筑物底部设有防潮架空层,且未布置任何功能用房时,该防潮架空层可不计入建筑层数。

5.2.8 当保护建筑利用坡屋顶内空间设置阁楼,在满足下列条件时,该阁楼层可不计入层数:

1 阁楼自套内楼梯进入,单个阁楼建筑面积不超过50 m^2,且总建筑面积不超过标准层的1/8。

2 阁楼自公共楼梯进入,且总建筑面积不超过50 m^2。

5.3 平面布置

5.3.1 保护建筑的平面布置应结合建筑的保护要求、建筑构件的燃烧性能、火灾危险性、使用功能和安全疏散等因素合理布置,除本标准另有规定外,保护建筑的平面布置应符合现行国家标准《建筑设计防火规范》GB 50016的相关规定。

5.3.2 同一保护建筑内不同使用功能部分之间,或者建筑内不同产权部分之间应采用无任何开口的防火墙分隔,确有困难时,可采用无任何开口的,且耐火极限不低于3.00 h的防火隔墙分隔。对外经营的公共活动区域与人员居住区域水平贴邻设置时,应采用无任何开口的,且耐火极限不低于3.00 h的防火隔墙分隔,上下组合设置时应采用耐火极限不低于1.00 h的不燃性楼板和耐火极限不低于0.25 h的不燃性吊顶。

5.3.3 当在燃烧性能为B、C、D级的保护建筑中布置商店时,其应符合下列规定:

1 在燃烧性能为 B 级的保护建筑中,应布置在首层或二层。

2 在燃烧性能为 C、D 级的保护建筑中,应布置在首层。

3 应设置火灾自动报警系统(装置)和电气火灾监控系统,宜设置自动灭火系统,当单个商店的建筑面积大于 300 m^2 时,应设置自动灭火系统。

4 应对所有可燃的柱、梁、板、楼梯等结构件,按本标准第 5.5.2 条要求进行防火处理。

5 安全疏散应满足本标准的相关规定。

5.3.4 当在燃烧性能为 B、C、D 级的保护建筑中布置展览用房时,应符合下列规定:

1 在燃烧性能为 B 级的保护建筑中,应布置在首层或二层。

2 在燃烧性能为 C、D 级的保护建筑中,应布置在首层。

3 应设置火灾自动报警系统(装置)和电气火灾监控系统,宜设置自动灭火系统,当单个展览用房的建筑面积大于 300 m^2 时,应设置自动灭火系统。

4 当保护建筑整体或局部保持其原状作为展览功能使用时,应设置火灾自动报警系统(装置)和电气火灾监控系统,宜设置自动灭火系统,当展览区域总建筑面积大于 300 m^2 时,应设置自动灭火系统。

5 应对所有可燃的柱、梁、板、楼梯等结构件,按本标准第 5.5.2 条要求进行防火处理。

6 安全疏散应满足本标准的相关规定。

5.3.5 当在燃烧性能为 B、C、D 级的保护建筑中布置旅馆时,其应符合下列规定:

1 在燃烧性能为 B 级的保护建筑中,应布置在首层、二层、三层或四层。

2 在燃烧性能为 C 级的保护建筑中,应布置在首层、二层或三层。

3 在燃烧性能为 D 级的保护建筑中,应布置在首层或二层。

4 应设置火灾自动报警系统（装置）、自动灭火系统和电气火灾监控系统。

5 旅馆内的公共餐厅、餐厅配套厨房与其他场所之间应采用耐火极限不低于1.00 h的不燃性墙体进行分隔，墙上的门、窗应采用乙级防火门、乙级防火窗。

6 应对所有可燃的柱、梁、板、楼梯等结构件，按本标准第5.5.2条要求进行防火处理。

7 安全疏散应满足本标准的相关规定。

5.3.6 燃烧性能为B、C、D级的保护建筑中不宜布置弱行为能力人群的照料服务场所；当保护建筑原状已布置弱行为能力人群的照料服务场所，其布置楼层不符合现行国家标准《建筑设计防火规范》GB 50016的相关规定时，应符合下列规定：

1 月子中心及类似功能的场所应布置在首层或二层，其中婴儿用房应布置在首层。

2 医疗用房应布置在首层或二层，其中病房应布置在首层。

3 3岁以下幼儿托育机构应布置在首层。

4 建筑内的公共餐厅与其他场所之间应采用耐火极限不低于1.00 h的不燃性墙体进行分隔，墙上的门、窗应采用乙级防火门、乙级防火窗。

5 应设置火灾自动报警系统（装置）、自动灭火系统和电气火灾监控系统。

6 应对所有可燃的柱、梁、板、楼梯等结构件，按本标准第5.5.2条要求进行防火处理。

7 安全疏散应满足本标准的相关规定。

5.3.7 当保护建筑为公共建筑时，其使用明火的厨房，应符合下列规定：

1 不应布置在地下室。

2 位于砖混结构、钢筋混凝土结构或其他不可燃结构建造的保护建筑内，应采用耐火极限不低于2.00 h的隔墙、耐火极限不低于1.00 h的楼板与其他部位分隔,隔墙上的门应采用乙级防火门。

  3 木结构的保护建筑内不应增设使用明火的厨房。

  4 应靠建筑外墙布置,并应设置可开启外窗。

  5 不应布置液化石油气的钢瓶间;备用的液化石油气钢瓶应存放于专用的房间或室外。

5.3.8 当保护建筑为住宅建筑时,其使用明火的厨房,应符合下列规定:

  1 应靠建筑外墙布置,并应设置可开启外窗,可开启外窗的有效通风面积不应小于$0.6 m^2$。

  2 当厨房围合墙体或上方楼盖为可燃材料时,厨房内的顶棚木梁、木楼板应采用耐火极限不低于0.50 h的不燃材料保护;确有困难时,可以在顶棚木梁、木楼板等木构件上涂刷阻燃涂料保护,并设置耐火极限不低于0.50 h的不燃性吊顶。

5.3.9 剧场、电影院、礼堂的观众厅及其他使用人数超过50人的演艺场所,设置在燃烧性能为B、C、D级的保护建筑内时,应设置在首层。

5.4 安全疏散和灭火救援设施

5.4.1 当保护建筑的疏散楼梯数量不符合现行国家标准《建筑设计防火规范》GB 50016的相关规定时,宜在非保护立面增设室外疏散楼梯。

5.4.2 除老年人、儿童、残疾人等弱行为能力人群的照料服务场所、歌舞娱乐放映游艺场所与商店、展览、旅馆用房外,当前其他使用人数较少、功能单一的多层保护建筑中,改造前仅设置有一部疏散楼梯,且因保护要求或现场条件限制,无法满足现行国家标准《建筑设计防火规范》GB 50016的相关规定时,应符合下列规定:

1 当保护建筑燃烧性能为 A、B 级时,建筑层数不应大于 3 层,每层建筑面积不应大于 200 m^2;使用该楼梯疏散的人数之和,A 级保护建筑不应超过 50 人,B 级保护建筑不应超过 25 人;直通疏散走道的房间疏散门至最近安全出口的直线距离或房间直通安全出口的直线距离,A 级保护建筑不应大于 22 m,B 级保护建筑不应大于 20 m。

2 当保护建筑燃烧性能为 C、D 级时,建筑层数不应大于 2 层,每层建筑面积不应大于 200 m^2;使用该楼梯疏散的人数不应超过 25 人;直通疏散走道的房间疏散门至最近安全出口的直线距离或房间直通安全出口的直线距离不应大于 15 m。

3 楼梯与安全出口的疏散净宽度应符合现行国家标准《建筑设计防火规范》GB 50016 与本标准的相关规定。

4 疏散楼梯的燃烧性能应为不燃性,且耐火极限不应低于 1.00 h;确因保护要求无法满足时,应按本标准第 5.5.2 条要求对楼梯进行防火处理。

5 走道等公共区域或每个有人员活动的房间应设置净宽度不小于 0.8 m 和净高度不小于 1.0 m 的可开启外窗或设置室外阳台。

5.4.3 保护建筑内不同使用功能的场所应分别布置疏散楼梯,确有困难时,办公与建筑面积小于 300 m^2 的商店、展览用房部分以及住宅与非住宅部分可在竖向共用疏散楼梯,但应符合下列规定:

1 通向共用疏散楼梯的场所数量不应超过 2 个。

2 共用疏散楼梯宜为防烟楼梯间。

3 当保护建筑燃烧性能为 A 级,或疏散楼梯为不燃性结构的 B 级时,仅三层及以下楼层的不同使用功能的场所可通过共用疏散楼梯进行疏散。

4 当保护建筑燃烧性能为 C、D 级,或疏散楼梯为可燃结构的 B 级时,仅位于二层的不同使用功能的场所可通过共用疏散楼梯进行疏散。

5 当不同使用功能的场所位于同一楼层，且因条件限制必须共用疏散楼梯时，共用疏散楼梯的梯段净宽度不应小于通向该楼梯间的门的净宽度之和。

6 当不同使用功能的场所位于不同楼层，且因条件限制必须共用疏散楼梯时，共用疏散楼梯的梯段净宽度应经计算复核，且不应小于任一楼层利用此楼梯疏散的设计总净宽度。

7 楼梯间首层出口门的净宽度不应小于楼梯梯段的净宽度。

8 弱行为能力人群的照料服务场所、歌舞娱乐放映游艺场所仅可利用共用疏散楼梯作为第二疏散口。

5.4.4 保护建筑为多层建筑，需在建筑中设置图书馆、展览用房及其他类似功能用房，当其地上部分的原状敞开楼梯或敞开楼梯间为重点保护部位，确因保护要求无法改造为封闭楼梯间时，应符合下列规定：

1 功能用房的房间疏散门距离最近安全出口的直线距离应符合现行国家标准《建筑设计防火规范》GB 50016 的相关规定。

2 当保护建筑燃烧性能为 A、B 级，且功能用房布置于首层、二层或三层时，可维持该敞开楼梯或敞开楼梯间的原状。

3 当保护建筑燃烧性能为 C 级，且功能用房布置首层或二层时，可维持该敞开楼梯或敞开楼梯间的原状。

4 当原状敞开楼梯或敞开楼梯间为可燃结构时，应按本标准第 5.5.2 条的要求对楼梯进行防火处理。

5 保护建筑改造后使用功能未发生改变的，保留的原状敞开楼梯或敞开楼梯间可计入该层疏散出口数量。当该敞开楼梯或敞开楼梯间疏散净宽度满足本标准第 5.4.6 条的要求时，可计入疏散宽度。

6 保护建筑改造后使用功能发生改变的，保留的原状敞开楼梯或敞开楼梯间可计入该层疏散出口数量，但不应计入疏散宽度。

5.4.5 保护建筑中,供人员安全疏散用的楼梯(间)和室外楼梯的出入口、直通室外安全区域的出口,以及下列出口可作为安全出口:

  1 当相邻防火分区的结构为砖混结构、钢筋混凝土结构或其他不可燃的结构形式,且满足疏散出口数量要求时,通向该相邻防火分区防火墙上的甲级防火门。

  2 直接通向不燃材料建造的建筑面积等于或大于 $6\ m^2$ 的开敞外廊、室外上人屋面的出口,该外廊、上人屋面应具备通往室外地坪的疏散条件。

  3 直接通向不燃材料建造的天桥、连廊的出口,该天桥、连廊应通向相邻建筑或具备通往室外地坪的疏散条件。

  4 以上情况中,自出口处至室外地坪的疏散路径应为不燃材料建造。

5.4.6 当保护建筑为公共建筑,原状疏散楼梯为重点保护内容,其净宽度不符合现行国家标准《建筑设计防火规范》GB 50016 规定的最小净宽度要求时,可按下列规定执行:

  1 当原状疏散楼梯的实际净宽度不小于现行国家标准《建筑设计防火规范》GB 50016 规定的最小净宽度的 90%,且楼梯坡度满足现行国家标准《民用建筑设计统一标准》GB 50352 中针对其他建筑楼梯的相关规定时,可维持原状,并计入安全出口数量与疏散宽度。

  2 当原状疏散楼梯不满足第 1 款的要求时,可计入该层疏散出口数量,但不应计入疏散宽度。

  3 当原状楼梯梯段为可燃结构时,应按本标准第 5.5.2 条要求进行防火处理。

5.4.7 当保护建筑为里弄住宅,其疏散楼梯具备改造条件的,疏散楼梯改造后应符合下列规定:

  1 改造后的疏散楼梯,其结构构件应为不燃性,且耐火极限不应低于1.00 h;确因保护要求,仍需保留原状木楼梯构造形式时,应按本标准第5.5.2条的要求对该楼梯进行防火处理。

  2 改造后的疏散楼梯,其净宽度应满足现行国家标准《建筑设计防火规范》GB 50016规定的最小净宽度要求;确因保护要求无法通过改造满足时,不应低于原状的条件。

  3 改造后的疏散楼梯,其楼梯踏步最小宽度和最大高度应满足现行国家标准《民用建筑设计统一标准》GB 50352中关于套内楼梯的相关规定;确因保护要求无法通过改造满足时,不应低于原状的条件。

5.4.8 保护建筑安全疏散总净宽度应符合现行国家标准《建筑设计防火规范》GB 50016的相关规定;确因保护要求无法通过改造完全符合规定时,应根据现有疏散净宽度调整使用功能或采取可靠的限制使用人数的技术性措施。

5.4.9 保护建筑改造或装饰装修后,因保护要求确需利用原状内、外门作为疏散门和安全出口,且当原状内、外门的净宽度确难符合现行国家标准《建筑设计防火规范》GB 50016规定的最小净宽度要求,但符合下列规定时,可维持原状:

  1 保护建筑为里弄住宅,且安全出口净宽度不小于750 mm。

  2 保护建筑为公共建筑,且安全出口净宽度不小于800 mm。

  3 当保护建筑安全出口净宽度不满足第1、2款的规定时,该安全出口不应计入安全出口数量和安全出口净宽度。

5.4.10 保护建筑的疏散外门应向疏散方向开启;因保护要求确需保留的内开外门,当其净宽度满足本标准第5.4.8条要求且开启角度大于90°时,可作为安全出口,但在营业时间内应保持常开。

5.4.11 保护建筑中疏散楼梯在各楼层间应上下贯通。如原状楼梯存在局部通过走道转换的情况,且因保护要求无法改造的,该转换走道应符合下列规定：

1 转换走道内应设置消防应急照明并增设能保持视觉连续的灯光疏散指示标志。

2 除重点保护部位外，转换走道应采用不燃材料装修装饰。

3 该保护建筑应增设置火灾自动报警系统（装置）和电气火灾监控系统，宜增设自动灭火系统。

5.4.12 保护建筑内除采用螺旋楼梯和扇形踏步的原状楼梯外，疏散楼梯和疏散通道上的阶梯不宜采用螺旋楼梯和扇形踏步。建筑原状楼梯为螺旋楼梯和扇形踏步时，其疏散照明的地面最低水平照度不应低于10.0 lx。

5.4.13 人员密集的公共场所的疏散门不应设置门槛，紧靠疏散门口内外各1.4 m范围不应设置踏步；确因保护要求需保留门槛时，应在出口处设置易于识别的明显标志，且其疏散照明的地面最低水平照度不应低于10.0 lx。

5.4.14 保护建筑中仅供建筑面积小于200 m^2的设备用房、建筑面积小于50 m^2的卫生间等面积较小且经常停留人数不超过15人的房间使用的原状疏散走道，确因保护要求无法通过改造符合疏散走道最小净宽度规定时，可维持原状。

5.4.15 供消防救援人员进入的门窗洞口应易于从室内和室外打开或破拆，并应设置可在室外易于识别的明显标志。首层直通室外的门以及各层有外阳台或敞开外廊的门，可作为消防救援门窗洞口使用。

5.4.16 建筑内靠外墙或直通屋面并设置机械加压送风系统的封闭楼梯间、防烟楼梯间，在楼梯间的最上一层外墙或顶部应具有面积不小于1.0 m^2且可开启的固定窗。固定窗的设置应符合下列规定：

1 当保护建筑外立面为重点保护内容且不可改动时，可不设固定窗，但该楼梯间的加压送风系统宜设置备用风机。

2 对于在首层不靠外墙设置的地下室楼梯间，当在其顶部设置直接对外的固定窗确有困难时,地下室楼梯间在首层开向直通直室外的通道或门厅的门可作为该楼梯间顶部的固定窗使用,且不宜小于 1.5 m²。

3 对于在首层不靠外墙设置的地下室楼梯间,当其与地上相同部位的楼梯间在首层通过防火隔墙进行防火分隔,且地上部位楼梯间按现行国家标准《建筑防排烟系统技术标准》GB 51251 的规定设置固定窗,或地上楼梯间采用自然通风方式防烟时,可在地下室楼梯间首层与地上部位的楼梯间之间防火墙上设置防火门作为地下室楼梯间顶部的固定窗使用。

5.5 建筑材料与构造

5.5.1 保护建筑改造时,建筑材料应符合下列规定:
  1 在满足保护要求前提下,宜采用不燃材料或难燃材料。
  2 在满足保护要求前提下,宜对原有木构件采取阻燃或防火保护措施以改善其耐火极限和燃烧性能。对不满足外观和材料、结构设计要求的木构件可进行替换,替换的木构件的耐火极限和燃烧性能不应低于原建筑构件的相应性能。
  3 所采取的防火保护措施不应破坏重点保护部位建筑材料的颜色、纹理、质感等特征。

5.5.2 保护建筑改造时,建筑构造应符合下列规定:
  1 燃烧性能为 A、B 级的保护建筑,疏散走道和房间之间隔墙的耐火极限不应低于 1.00 h;燃烧性能为 C、D 级的保护建筑,疏散走道和房间之间隔墙的耐火极限不应低于 0.75 h。
  2 对于裸露的木构件,可采用包覆防火板、涂刷阻燃涂料等技术措施改善其耐火极限和燃烧性能。
  3 在满足保护要求前提下,内部由木龙骨支撑的墙体,可在龙骨间填充岩棉或玻璃棉等不燃材料、面层采用耐火石膏板等改善其耐火极限和燃烧性能。

4 在满足保护要求和结构荷载前提下,内部由木搁栅支撑的楼板或屋盖,可在搁栅间填充岩棉或玻璃棉等不燃材料、顶棚采用耐火石膏板等改善其耐火极限和燃烧性能。

5.6 室内装修

5.6.1 装修材料的燃烧性能不应低于原保护建筑内部装修材料的燃烧性能;当改造允许改变装修材料时,装修材料的燃烧性能不宜低于 B_1 级。
5.6.2 保护建筑室内装修不应增设燃烧性能低于 B_2 级的装修材料。
5.6.3 保护建筑内的附属可燃物品库房、厨房和其他重点危险部位,应采用燃烧性能为 A 级的装修材料。
5.6.4 保护建筑新增室内装饰织物、非保护要素的固定家具、特殊场合使用的装饰材料应进行阻燃处理,其燃烧性能不应低于 B_1 级。

5.7 危险部位的控制

5.7.1 保护建筑内严禁布置生产、经营、存放和使用甲、乙类火灾危险性物品的商店、作坊;除为满足使用功能所布置的附属库房外,不应布置其他仓库。
5.7.2 保护建筑内严禁设置明火取暖设施。

5.8 重点保护部位的保护

5.8.1 对于因保护性要求难以设置消防设施保护的重点保护部位,应在其附近增配安全人员,并宜采用临时防火屏障等技术措施。

5.8.2 存在火灾风险的设施设备应与重点保护部位保持一定的距离；确需与重点保护部位接触的，应采取有效、可逆的防火保护措施。

5.8.3 保护建筑内的重要移动物品宜设置在封闭空间或容器内，火灾烟雾或灭火剂可能对展览品造成损坏的密闭空间可设置减氧系统。

5.8.4 保护建筑内可能增加火灾风险的特殊效果，应进行火灾风险评估，根据评估情况采取必要的技术措施后，方可使用。

6 建筑消防设施

6.1 消防给水及灭火系统

6.1.1 保护建筑的消防给水水源宜由市政给水管网两路供水，当满足下列条件之一时，可视同两路供水：

    1 在同一条道路上由两根市政给水管道分别接入引入管。

    2 在同一条道路上，从一根市政环状给水管网接入两根引入管，且在两根引入管之间的市政给水管道上加设检修阀门。

6.1.2 保护建筑设置高位水箱确有困难时，可设置稳压泵稳压。

6.1.3 保护建筑的室内消火栓箱内应配置消防软管卷盘。当保护建筑未设置室内消火栓时，应设置轻便消防水龙或消防软管卷盘。

6.1.4 在保护建筑内设置室内消火栓确有困难时，可将室内消火栓设置在室外。设置在室外的室内消火栓除应满足现行国家标准《消防给水及消火栓系统技术规范》GB 50974 有关室内消火栓的要求外，尚应符合下列规定：

    1 应能保证室外屋顶、室内任何部位均有 2 股充实水柱同时到达；当保护建筑的二层及以上部位不能满足 2 股充实水柱同时到达时，应保证 1 股充实水柱到达。

    2 宜设置在保护建筑入户门、外窗等便于引入室内的入口处。

    3 消火栓设置位置距保护建筑外墙不宜大于 5 m。

    4 消火栓宜设置箱体，箱体内宜配置水带、水枪、消防软管卷盘。保护室内的消火栓水带可串联使用。

6.1.5 室内消火栓箱内宜配置多用水枪。

6.1.6 当保护建筑为公共建筑时，宜增设自动喷水灭火系统；当保护建筑为住宅建筑时，宜在公共部位增设自动喷水灭火系统。

6.1.7 保护建筑内自动灭火设施的设置应符合下列规定：

　　1 应选用对保护建筑无损害、无腐蚀、无污染的灭火介质。

　　2 管网和喷头等的设置不应破坏保护建筑本体及其环境风貌。

　　3 有传统彩绘、壁画、泥塑等有特色价值要素的部位不应设置自动喷水灭火系统，当火灾危险性较大需灭火保护时可选用无管网灭火装置。

　　4 当高大空间场所内确需设置自动跟踪定位射流灭火系统或固定消防炮灭火系统时，应确保灭火装置或消防炮的射流及启动时的震动和喷射反力不会对保护建筑本体造成损害，灭火装置或消防水炮及其管网的安装不应对保护建筑本体和环境风貌造成破坏。

6.1.8 自动喷水灭火系统应采用快速响应喷头。

6.1.9 当保护建筑内的重点保护部位采用气体灭火系统保护时，喷头出口不应正对重点保护部位的表面；确需正对时，喷头出口至重点保护部位表面的距离不应小于 0.5 m。

6.1.10 保护建筑应设置灭火器。

6.1.11 保护建筑具备安装条件时，可在室外适当位置安装消防炮。消防炮的安装数量不宜少于 2 门，设置位置宜使消防炮的射流能够覆盖被保护建筑。

6.1.12 室内设施安装在室外、半室外空间时应采取防冻措施。

6.2　防烟、排烟及通风空调系统

6.2.1 保护建筑内的封闭楼梯间、防烟楼梯间、独立前室、合用前室及消防电梯前室的防烟系统设计，采用自然通风防烟方式难以满足国家和本市现行相关标准的要求时，在不改变其原有历史文化元素和价值以及建筑外立面造型等特性的基础上，有条件的可采用机械加压送风（包括楼梯间直灌式加压送风）等方式。确有困难的，可维持原状，但当原状为可开启外窗时，应确保可开启外窗开启的可靠性。

6.2.2 保护建筑内原先采用自然排烟方式的场所，自然排烟窗（口）的设置高度和有效面积难以满足国家和本市现行相关标准的要求时，应增设机械排烟设施。确有困难的，可维持自然排烟窗（口）原状，但应满足下列要求：

　　1 经计算，需满足可用安全疏散时间（ASET）大于必需安全疏散时间（RSET）。

　　2 中庭、剧场舞台空间的自然排烟窗（口）面积不应小于该场所面积的5%。

6.2.3 保护建筑通风、空气调节系统的风管及绝热材料应采用不燃材料。

6.3 消防电气

6.3.1 保护建筑内的消防设施用电，不宜低于二级负荷。

6.3.2 保护建筑内的现状配电设备，当选型和安装不满足现行相关标准规定时，应进行改造，且应满足下列要求：

　　1 配电设备宜设置在保护建筑内的独立用房内，且不应安装在重点保护部位，以及潮湿、高温、明火、热源附近和可燃构件上。

　　2 配电设备应为金属外壳，有良好的接地措施，防护等级室内不宜低于IP54，室外不应低于IP65。配电设备的外壳距可燃构件不应小于0.3 m，且周围0.5 m内严禁堆放可燃物。

6.3.3 保护建筑内开关、插座和照明灯具，不应靠近可燃或难燃物体敷设和安装。当不可避免时，应采取相应的隔热、散热等防火保护措施,与窗帘、帷幕、幕布、软包等装修材料的距离不应小于 0.5 m。

6.3.4 除对连续供电要求高的供电回路外,保护建筑的末端回路供电应采用故障电弧断路器。

6.3.5 对于不需长期通电运行的临时用电设备,应设置断电装置,并确保在不使用时开关有明显的断开点。

6.3.6 保护建筑应按照现行国家标准《建筑设计防火规范》GB 50016 的要求设置消防应急照明和疏散指示标志,且应结合保护建筑的特点进行设置。

6.3.7 保护建筑应设防雷击保护装置。

6.3.8 保护建筑应设置电气火灾监控系统和消防设备电源监控系统,无消防控制室且电气火灾监控探测器或消防设备电源监控探测器设置数量不超过 8 只时,可采用独立式电气火灾监控探测器或消防设备电源监控探测器。

6.3.9 保护建筑宜增设火灾自动报警系统(装置)。因保护性要求,设置火灾自动报警系统确有困难的,可设置独立式火灾探测报警装置。

6.3.10 保护建筑的火灾自动报警系统(装置)宜采用有线组网方式;对于难以敷设电线电缆或难以安装火灾探测器的保护建筑,宜采用无线组网方式。采用无线组网方式的火灾自动报警系统(装置),应符合下列规定:

    1 宜采用自组网的无线局域火灾自动报警系统,所选系统设备应能在所处环境条件下可靠、稳定运行。

    2 火灾报警信号从现场检测组件传输至消防控制室或火灾报警装置的时间不应超过 10 s。

    3 无线通信系统的组件或模块发生故障或设备离线、设备移除时,火灾报警控制器应能在 100 s 内发出与运行和报警状态有明显区别的声光故障信号指示故障部位,火灾报警装置应能同步显示相应信号。

6.3.11 保护建筑内火灾探测器的选择应符合下列规定：

1 灰尘较多的闷顶、有烧香或炊烟的场所、穿堂风影响烟气羽流上升的高大空间、湿度较大的地区，不宜设置吸气式感烟探测器。

2 净高大于 0.8 m 的闷顶或吊顶内应设置点型感烟探测器，灰尘较多时应采用线型感温火灾探测器。

3 开敞、半开敞空间不应设置点型火灾探测器。

4 具有重要历史文化价值且无法设置点型火灾探测器的保护建筑，宜设置图像型火灾探测器。

6.3.12 保护建筑内布置使用明火和可能散发可燃气体的区域，其消防电气设施应符合下列规定：

1 应布置感温型火灾自动报警系统。

2 应布置燃气泄漏报警装置，且应具备同燃气切断阀与自动排风装置的联动功能。

6.3.13 火灾声光警报器应设置在建筑每个楼层的楼梯口、通道、建筑内部拐角等处的明显部位，不宜与安全出口指示标志灯设置在同一面墙上。当保护建筑首层主要出入口设置的火灾声光警报器声压级可满足火灾时整座建筑人员疏散要求时，可仅在首层主要出入口设置火灾声光警报器；当保护建筑为住宅建筑时，可仅在建筑的主要出入口设置火灾声光警报器。

6.3.14 保护建筑宜结合其使用功能合理设置消防应急广播系统。当保护建筑已设置火灾声光警报器，且室内任一点至安全出口的疏散距离不大于 15 m 时，可不设置消防应急广播。

6.3.15 设有火灾自动报警系统或固定灭火系统的保护建筑，应按照现行上海市工程建设规范《消防设施物联网系统技术标准》DG/TJ 08—2251 的要求设置消防物联网系统，并将监控信息实时传输至上海市消防大数据应用平台。有条件的，可设置智慧消防系统。

6.3.16 消防物联网系统的主机应设置在保护建筑的消防控制

室内；当保护建筑未设置消防控制室时，应设置在有人值守的场所内。

6.3.17 消防物联网系统的数据传输可采用有线传输网络或无线传输网络，并宜符合下列规定：

 1 有线传输网络宜采用光纤。

 2 无线传输网络宜采用物联网专网、移动蜂窝网络公网。

6.3.18 保护建筑内电气线路及管线的敷设应满足下列规定：

 1 保护建筑内电气线路对接触的文物应采取有效、可逆的保护措施，且不应对文物本体造成损坏。

 2 保护建筑内电气线路均应穿有防火保护的金属管或封闭式金属桥架保护，接头处应采用固定接线盒。

 3 线管接头两侧的金属管、箱盒两侧的金属管、金属管与箱盒的跨接宜采用焊接的方式。电缆金属外皮不应做中性线，应与保护线可靠连接。

 4 除矿物绝缘线缆外，保护建筑内的线缆应穿金属管或封闭式金属槽盒明敷，严禁在砖木墙体上剔槽暗敷。

 5 消防配电线路和非消防配电线路应采用燃烧性能不低于B_1级的电线电缆，电线电缆的燃烧性能分级应符合现行国家标准《电缆及光缆燃烧性能分级》GB 31247的规定。

7 施工和使用期间防火

7.1 施工期间防火

7.1.1 施工过程中宜充分利用保护建筑内部原有消防设施及灭火系统。

7.1.2 保护建筑内不应设置工人宿舍。

7.1.3 保护建筑工程施工现场不宜设置临时办公用房；确需设置时，应按照现行国家标准《建设工程施工现场消防安全技术规范》GB 50720 的相关规定执行。

7.1.4 保护建筑工程施工所用脚手架应采用不燃材料搭设，优先选用钢管扣件或盘扣式脚手架。

7.1.5 保护建筑工程施工前，施工单位应对现场施工作业人员进行消防宣传教育，告知建筑消防设施、疏散通道、安全出口的位置及使用方法，同时应不定期组织消防疏散演练。

7.1.6 为降低火灾隐患，现场应减少动火作业，施工现场宜优先考虑全部型材场外加固的措施。确需现场动火作业的，应在地面及空旷区域完成。确需在脚手架等区域进行动火作业的应按照现行国家标准《建设工程施工现场消防安全技术规范》GB 50720 的相关规定执行。

7.1.7 当施工现场进行切割、焊接等动火作业时，应设置接火容器，其尺寸、位置应视现场风力、风向等实际情况确定。

7.1.8 施工现场灭火系统应满足下列要求：

    1 保护建筑工程施工现场宜按要求设置临时消防给水系统等灭火设施，设置要求应符合现行国家标准《建设工程施工现场消防安全技术规范》GB 50720 的相关要求。

2 当已有灭火系统必须暂停使用以进行修改时，应制定措施并应尽快恢复正常使用。

3 若条件允许，可设置微型消防站等其他消防补强措施。

7.1.9 施工现场的下列场所应满足灭火器配置要求：

1 动火作业场所。

2 可燃材料存放、加工及使用场所。

3 其他具有火灾危险的场所。

7.2 使用期间防火

7.2.1 经过特殊消防设计的保护建筑，应将特殊消防设计规定的相关技术措施的落实情况纳入消防安全管理的重点。

7.2.2 在消火栓、消防水泵接合器两侧沿道路方向各5m范围内，禁止停放机动车并应在明显位置设置警示标志。

7.2.3 保护建筑周围的消防道路和消防车登高操作场地应保持畅通，并应在消防道路或消防车登高操作场地上设置明显标示和不得占用、阻塞的警示标志。消防道路和消防车登高操作场地范围内不应存放机动车辆，不得设置隔离桩、栏杆或等可能影响消防车通行的障碍物。

7.2.4 灯具表面会产生高温的照明灯具使用应符合消防安全要求，开关、插座和照明灯具靠近可燃物时，应采取隔热、散热等防火措施。

7.2.5 在拆除、改造建筑时，应采取预防火灾、扑救火灾、防止火灾蔓延和保障人员安全疏散的措施。

本标准用词说明

1 为便于在执行本标准条文时区别对待,对要求严格程度不同的用词说明如下:

1) 表示很严格,非这样做不可的用词:
正面词采用"必须";
反面词采用"严禁"。

2) 表示严格,在正常情况下均应这样做的用词:
正面词采用"应";
反面词采用"不应"或"不得"。

3) 表示允许稍有选择,在条件许可时首先应这样做的用词:
正面词采用"宜";
反面词采用"不宜"。

4) 表示有选择,在一定条件下可以这样做的用词,采用"可"。

2 条文中指明应按其他有关标准执行时的写法为"应符合……的规定"或"应按……执行"。

引用标准名录

1 《电缆及光缆燃烧性能分级》GB 31247
2 《建筑设计防火规范》GB 50016
3 《自动喷水灭火系统设计规范》GB 50084
4 《火灾自动报警系统设计规范》GB 50116
5 《民用建筑设计统一标准》GB 50352
6 《建设工程施工现场消防安全技术规范》GB 50720
7 《消防给水及消火栓系统技术规范》GB 50974
8 《建筑防排烟系统技术标准》GB 51251
9 《民用建筑电气设计标准》GB 51348
10 《建筑防排烟系统设计标准》DG/TJ 08—88
11 《民用建筑水灭火系统设计规程》DGJ 08—94
12 《民用建筑电气防火设计规程》DGJ 08—2048

上海市工程建设规范

文物和优秀历史建筑消防技术标准

DG/TJ 08—2410—2022
J 16611—2022

条文说明

2023　上海

目　次

1　总　则 ·· 39
3　现场勘察 ··· 42
4　消防安全布局和公共消防设施 ················· 43
　　4.2　总平面布局 ································· 43
5　建筑防火设计 ······································· 47
　　5.1　一般规定 ···································· 47
　　5.2　防火分区和层数 ···························· 48
　　5.3　平面布置 ···································· 50
　　5.4　安全疏散和灭火救援设施 ················ 51
　　5.5　建筑材料与构造 ···························· 53
　　5.6　室内装修 ···································· 54
　　5.8　重点保护部位的保护 ······················ 54
6　建筑消防设施 ······································· 55
　　6.1　消防给水及灭火系统 ······················ 55
　　6.2　防烟、排烟及通风空调系统 ············· 56
　　6.3　消防电气 ···································· 57
7　施工和使用期间防火 ······························ 60
　　7.2　使用期间防火 ······························ 60

Contents

1 General provisions ··· 39
3 Site investigation ··· 42
4 Fire safety layout and public fire fighting facilities ······· 43
    4.2 General layout ··· 43
5 Design of building fire protection ···························· 47
    5.1 General requirements ····································· 47
    5.2 Fire compartment and stories ·························· 48
    5.3 Plane arrangement ·· 50
    5.4 Safe evacuation, refuge and fire hydrant system ······· 51
    5.5 Material and detailed constructions of building ······ 53
    5.6 Interior finishes ·· 54
    5.8 Protection of key protected parts ······················ 54
6 Fire protection systems and equipment of the building
·· 55
    6.1 Fire protection water supply and fire extinguishing system ··································· 55
    6.2 Smoke management, ventilating and air conditioning system ··································· 56
    6.3 Fire protection eletric system ························· 57
7 Fire prevention during construction and use ············· 60
    7.2 Fire prevention during use ····························· 60

1 总 则

1.0.2 保护建筑改造工程的修缮工程的防火设计可按照本标准执行。

本标准是针对《文物保护法》《上海市文物保护条例》《上海市历史风貌区和优秀历史建筑保护条例》等法律法规规定的特殊建(构)筑物。本标准的适用对象对应法律概念的不可移动文物和优秀历史建筑两个类别。

本标准适用于不可移动文物包括文物保护单位和文物保护点,其中部分对象被公布为各级"文物保护单位",暂未公布为文物保护单位的按照上海市《文物保护条例》规定为"文物保护点"。截至2021年年底,上海纳入法定保护的不可移动文物共3462处。

本标准中的优秀历史建筑是根据上海市《历史风貌区和优秀历史建筑保护条例》第十条所规定的情形确定的,上海市目前共有五批1058处优秀历史建筑。

本标准适用于保护建筑的改造、装修工程。其中"改造"主要指涉及面积变化、改变(调整)使用性质及内部设计使用功能的保护性改造工程,所涉改动应得到相关文保、历保及规划管理部门的允许。保护建筑应遵循分级分类保护要求,不得随意改造。

文物和优秀历史建筑的修缮工程,在技术条件相同时,也可适用于本标准。

考虑到原本的建造情况以及消防设防要求的不同,古建筑、古文化遗址、古墓葬、石窟寺和壁画等对象不在本标准的适用范围内;也不包括继续作为工业建筑使用的保护建筑。古建筑、古文化遗址、古墓葬等应遵循国家文物局、住建部等相关技术标准。

上海仍然有部分近代工业建筑继续作为工业功能使用，这类建筑涉及的消防要求和民用建筑有很大差别，也不纳入本标准适用对象。这类对象有仍作为生产使用的杨树浦水厂、中央造币厂等的部分用房。

上海的古建筑和近代建筑相比，在建筑材料、建筑构造等方面存在明显差异，和中国其他地区古建筑在应对火灾威胁、提高消防设防能力等方面情况一致，其防火设计要求可按照国家文物局、中国建筑科学研究院主编的《文物建筑防火设计导则（试行）》执行。这类对象有上海豫园、上海真如寺大殿等。

上海的古遗址及古墓葬、石窟寺、石刻和壁画等存量较少；由于古遗址的保护和再利用情况和近代建筑区别较大，因此不纳入本标准适用对象。这类对象有广富林遗址、崧泽遗址、福泉山遗址等。

1.0.3 保护建筑的防火设计，与现代新建建筑的防火设计理念、原则、方法有所不同，要立足于文化遗产的保护，不能仅仅强调消防安全，二者要兼顾统一，并根据建筑的保护等级和保护类别，适当调整消防技术措施的施加方式和程度。当二者难以协调时，应通过消防管理手段补足消防安全水平或者限制建筑使用功能降低火灾风险。保护建筑的使用功能与初始设计功能是否一致是防火设计考虑的重要因素。

目前建筑防火设计主要执行的是国家标准《建筑设计防火规范》GB 50016，故本标准就是要确定与厘清二者之间的关系。GB 50016 是系统的建筑防火设计规范，历经几十年实践考验，多次修编，凝聚了全国众多行业专家的智慧，是本标准最重要的编制基础。一方面，本标准从行文框架、原则设计方面均和GB 50016 一脉相承；另一方面，文物和优秀历史建筑两类保护对象最初在法律法规设计时，即对消防要求作出了专门规定，因此，本标准即是针对保护建筑的特殊性给出的专门规定，是法律法规相关要求的落实。如《文物保护法》第二十一条第二款规定"应当根据文物保护单位的级别报相应的文物行政部门批准"，《建筑法》第八十三条规定"依法核定作为文物保护的纪念建筑物和古建筑等的修缮,依据文物保护的有关法律规定执行"。这正是保护建筑应制定专门、针对性的建筑规范的法律依据。因此,本标准和GB 50016二者编制目标一致,都是提高建筑的消防设防能力,保护人员、财产以及建筑的安全,但是对于保护建筑所采用的消防措施,不应简单平移现代民用建筑的防火措施,也不应简单套用GB 50016的相关指标、措施,应采用经过验证切实有效、性能稳定且长期使用对历史建筑本体及其依存环境无损、无害、无碍的技术措施,而本标准更是在GB 50016的基础上,对法律法规规定的特殊对象,在充分尊重保护建筑的历史与原状的基础上,兼顾保护与活化利用,提出针对性的消防解决方案。

1.0.4 本标准未涉及的保护建筑的防火设计内容,应符合国家、行业和本市现行相关标准的规定。

对于情况特别复杂及本标准无法解决的其他消防技术问题,保护建筑特别是对于大型、人员特别密集、保护要求特别高的保护建筑,建设单位可以针对防火设计难点进行专题研究并提出解决方案,再按住建部和本市的相关规定进行论证。专家论证会结论可作为防火设计、审查的依据。

3 现场勘察

3.0.1 保护建筑改造前可自行或委托第三方开展现场勘察,并将现场勘察结果作为确定改造方案的技术依据。

4 消防安全布局和公共消防设施

4.2 总平面布局

4.2.1 外墙上的门、窗、洞口的防火分隔设施主要有甲级防火门、甲级防火窗、防火卷帘、防火分隔水幕等。其中,甲级防火窗应具备火灾时自行关闭的功能,防火卷帘应符合现行国家标准《建筑设计防火规范》GB 50016 的相关规定,防火分隔水幕应符合现行国家标准《自动喷水灭火系统设计规范》GB 50084 的相关规定。

4.2.2 划分消防组团的建筑多为主城区内的里弄住宅、相近时期建设的花园住宅及相似类型、相似性质的建筑群,而对于如外滩一带的办公、商业性质的保护建筑,由于其建筑密度较高、权属不同、建造时期也不同、风格各异,不宜按照消防组团来考虑。

当消防组团内个别单体建筑设置自动灭火系统时,组团可以增加的占地面积可按该个别单体建筑占地面积的 1.0 倍计算。对于设置自动灭火系统的保护建筑,按照本标准第 6.1.7 条规定的个别房间或局部重点保护部位,由于保护要求而无法设置或者不能完全设置时,此建筑单体仍然可视为设置了自动灭火系统,组团可以增加的占地面积仍然可按该建筑占地面积的 1.0 倍计算。

4.2.4 根据原上海公共租界工部局颁布的《中式房屋建筑规例》,上海现存里弄住宅在建造时代基本遵循前门间距 10 ft(约 3.0 m),后巷间距 7.5 ft(约 2.3 m)的防火安全距离。[1]

---

[1] 注:1 ft=0.3048 m。

里弄之宽度

(九)里弄须有以下最小之宽度,不计洋台、木裙板、屋檐或楼梯。

"两面前门相对之里弄——十呎;

一面为前门、一面为石库门或后门,或房屋之侧面或墙身或篱笆之里弄——七呎半。

专通一排或数排房屋之里弄——十呎。

通屋后厨房或一层高之厢房之里弄——三呎。

通屋后厨房或二层高之厢房之里弄——五呎。"

"通道至少应达到如下宽度:

两侧都有面向通道的房屋时,宽度为10呎。一侧有面向通道的房屋,而另一侧有栈房、房屋的背面或侧面、墙壁或者篱笆,路宽可为7.5呎。

通道的一侧或两侧有栈房,并通往其正门,路宽为7.5呎。

通向屋后的通道宽度只需3呎。

上述规定不适用于大门口通道。

如果要从正面装饰有木料的房屋起测量通道宽度,应从主要柱杆的正面取测量值。"

当组团内的保护建筑为公共建筑,其门窗与对侧保护建筑距离最近的门窗距离超过4 m时,可不设置为甲级防火门窗,其他仍按表1采取消防安全加强措施执行。设置的甲级防火窗应具备火灾时自行关闭的功能,防火卷帘应符合现行国家标准《建筑设计防火规范》GB 50016的相关规定,防火分隔水幕应符合现行国家标准《自动喷水灭火系统设计规范》GB 50084的相关规定。

4.2.5 高层保护建筑发生火灾时扑救难度较大,因此设置消防车登高操作场地有利于消防车停靠、展开和从建筑外部实施灭火。但由于历史原因,或是受现状场地条件限制,难以满足现行规范关于登高场所设置要求的,也应尽可能创造条件满足消防车登高操作的需要。如借用相邻城市道路或相邻地块用地设置消防车登高操作场地的,应征得主管部门的认可,并确保登高场地范围无高大乔木行道树和大型市政设施,无固定的景观构筑物、围墙,以及架空线路等影响登高操作的障碍物,并满足消防设备对场地平整度和承载力的要求。

4.2.6 保护建筑消防组团里现有的道路、需要保留的路面材质和宽度,应尽可能予以利用,根据其所能够承担的宽度和承载通行能力来选择合适的消防装备,便于消防救援人员开展灭火救援行动。

消防道路的净宽度不宜小于 4 m,若确因保护要求或现状场地条件限制难以满足时,可维持保护建筑消防道路原状,但应根据表 1 配置相应的消防装备。对于难以满足一般消防车辆通行的消防道路,可用于通行小型消防车、运送消防装备,例如运送手抬机动消防泵等装备。对于拥有水街、水井或水池的古镇,手抬机动消防泵可发挥及时、灵活、快速的效果。拥有河流的古镇还可视情况配备消防舟艇。

表 1 消防道路与消防装备对应表

消防道路净宽度(m)	消防装备
3~4	小型消防车
2~3	消防摩托车、手抬机动消防泵

4.2.7 本条规定是为了确保弱行为能力人群的使用安全。当保护建筑没有条件通过改造达到现行国家标准《建筑设计防火规范》GB 50016 的相关规定时,不应设置消防车道、消防车登高操作场地。

4.2.8 不规则的场地可为如图 1 所示的丁字形、Y 字形等满足消防车回车要求的场地。道路半径不应小于表 1 中的消防装备所需要的宽度。

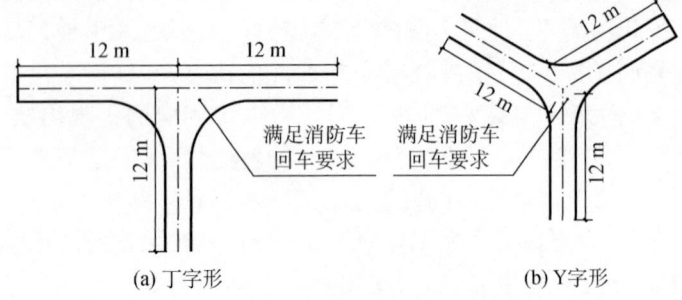

图 1　不规则的消防回车场地示意图

4.2.9 消防组团内不同位置的消防安全条件存在差别,有的保护建筑周边疏散条件较好,有消防车道或广场,建筑自身消防设施较完善,在业态布置时优先将人员密集型的经营场所,比如大于 300 m² 餐饮、旅馆等布置于此。而周边道路狭窄曲折、建筑比较密集的区域,应布置人流较少的功能空间,比如办公场所等。

5 建筑防火设计

5.1 一般规定

5.1.1 保护建筑进行防火设计前,应先按照建筑材料的燃烧性能明确保护建筑级别。可参考《北京市乡村民宿建筑消防安全规范》《农家乐(民宿)建筑防火导则(试行)》,并结合上海地区保护建筑的原有建筑材料实际情况。

5.1.2 建筑高度算法为自室外地坪算至屋面完成面。上海的近现代历史建筑,尤其是原公共租界范围内历史建筑的建设须按照原工部局建筑章程设计,包含消防相关的规定。原工部局于1901年和1903年分别颁布的中式房屋和西式房屋的建筑章程中,对建筑高度作出规定。例如:《中式房屋建筑规例》中规定,普通住宅和店铺房屋不得超过两层;《西式房屋建筑规则》中规定对于一般建筑物高度,未经董事会特别批准,一般不得超过 84 ft(约 25.60 m),并规定"房屋之高度,以自路冠起至屋顶地面为准"。另,根据美国消防规范 NFPA 5000 中规定,多层建筑高度定为 85 ft(约 25.90 m)。

5.1.3 本条规定主要是为解决保护建筑的部分构件须遵循保护要求按原材料进行保护修缮,然而原材料达不到相应部位耐火等级要求的矛盾。尤其常见于包含木结构或砖木结构的建筑中,有保护要求的木构件无法满足现行消防规范对燃烧性能和耐火极限的要求,常见部位包括柱、楼板、梁、疏散楼梯等。当发生这种情况时,应满足建筑保护要求,同时通过合理的技术措施作为补充,其防火性能不应低于原状。还应尽量减少保护建筑内及周边场所的火灾荷载采取控制保护建筑物内可燃物的数量、提高装修材料燃烧性能等级等消防管理及技术措施。

本条列举的技术措施要求系结合大量保护建筑实际工程经验和燃烧试验研究提出的。例如：

（1）上海某保护要求为三类、耐火等级为四级的二层砖木结构保护建筑，原平面仅有一部疏散梯，为木楼梯，且为重点保护内容。改造后该部楼梯仍作为疏散梯使用，通过涂刷阻燃涂料，以提高抗燃性能。

（2）上海某保护要求为三类、耐火等级为四级的二层砖木结构保护建筑，在满足保护要求、维持木楼板结构的基础上，对楼板木格栅区域填充防火岩棉，并作隐蔽处理，以提高耐火极限。

5.1.4 当保护建筑的防火性能不能满足本标准的有关要求时，宜对火灾风险较高的功能用房及具体用途作限制，或用火灾危险性较小的用途来代替火灾危险性较大的用途。

5.2 防火分区和层数

5.2.3 除本标准另有规定外，本标准中的层数为保护建筑改造后各类功能用房允许的最高布置层数。

本条主要针对的是保护建筑中砖木结构建筑的改造利用问题。考虑到结构体系通常为此类保护建筑的重点保护部位之一，在原功能暂无法置换、结构耐火等级无法提升的条件下，本条规定对其使用功能、疏散条件和消防系统等提出了相应的限制和提升要求。

本条中弱行为能力人群照料服务场所包括医院病房、手术室等医疗设施以及老年人照料设施、儿童活动用房、儿童照料设施和月子中心等。如保护建筑功能为办公建筑，其人员密度宜按现行行业标准《办公建筑设计标准》JGJ/T 67 中的 6 m^2/人配置。

本条中的高温设施包括壁炉、商用烤箱等工作温度较高、容易引发火灾的电气装置。

5.2.4 本条参考《深圳市农村城市化历史遗留违法建筑消防技

术规范》。本条制定的目的是为鼓励并引导在联排里弄的修缮改造中增设带有声光报警功能的火灾自动报警系统(装置)与自动灭火系统,通过声光报警及时警示火灾的发生,为人员撤离与火灾扑救争取宝贵时机。

在原上海公共租界工部局颁布的《中式房屋建筑规例》中对当时砖木结构里弄建筑的总体布局有相关的规定,因而在这一时期建造的砖木结构里弄建筑的防火墙间距一般不超过60 ft(约18 m),通常为3～5跨。由此,可推算出每两堵防火墙间建筑面积内面积一般不超过750 m^2。其中公共部分(楼梯间、公用灶间和共用走道等)一般具备自动喷水灭火系统的条件,其面积普遍不小于100 m^2。按本条规定布置火灾自动报警系统,并局部布置自动喷水灭火系统时,每两堵防火墙间最大允许的防火分区面积可增加至600 $m^2×1.1+100\ m^2=760\ m^2$,同其初始设计面积可基本匹配。

5.2.5 本条中所指的防火墙,除耐火极限要求外,尚应满足现行国家标准《建筑设计防火规范》GB 50016的相关规定。

5.2.6 在不同时期,上海的保护建筑中普遍存在加层现象,其中有大量在砖混、钢筋混凝土结构上利用可燃结构建造加层的案例,这些加层通常建造年代久远且仍然被使用。本条参考现行国家标准《建筑设计防火规范》GB 50016的相关规定,对这些超出最大允许层数的加层部位,在结构防火处理与消防设备提升等方面作相应的加强规定。

5.2.7 上海的保护建筑物中,如里弄式花园住宅和新式里弄建筑等建筑类型在底部通常布置架空通风层,其布置的目的通常为改善建筑房屋首层的防潮性能。这类防潮层通常在建成后不可进入或仅布置检修口。在不布置任何功能用房的情况下,该层可不计入建筑允许层数。

5.2.8 上海的保护建筑中存在大量利用坡屋顶内空间设置的阁楼,但利用面积普遍较小。为针对此类情况,本条对可不计入层数的两类情况作出相应规定。

5.3 平面布置

5.3.2 同一保护建筑内不同使用功能之间、不同产权部分之间,使用功能、消防水平可能有较大差别,应采用防火分隔以避免火灾蔓延。住宅建筑的火灾危险性与其他功能的建筑有较大差别,一般需独立建造。当将住宅与其他功能场所空间现状已组合在同一座建筑内时,在其中任一功能场所进行改造或装饰装修时,需在水平与竖向采取防火分隔措施与其他功能部分分隔,并使各自的疏散设施相互独立、互不连通。在水平方向,一般应采用无门窗洞口的防火墙分隔;在竖向,一般采用楼板分隔并在建筑立面开口位置的上下楼层分隔处采用防火挑檐、窗间墙等防止火灾蔓延。

5.3.3～5.3.5 上海市内留存有大量砖木结构保护建筑,这些建筑普遍具有地理位置优越、商业价值高和使用面积小的特点。为在延续这些建筑使用价值的同时满足防火安全性,本标准参照《厦门市历史风貌建筑防火设计导则(试行)》(2020年)中的相关规定,对在保护建筑中设置各类功能用房时,针对其安全疏散、各类用房的布置楼层以及消防措施等作出相应规定。

　　由管理单位进行统一管理、客房数量少于 14 间的经营性旅舍可按照本标准规定执行。

5.3.7 本条为保护建筑保护改造时,采用燃油、燃气等作为燃料,有明火加热操作的厨房的防火措施。厨房是保护建筑中火灾风险相对较高的房间,应重点进行防火保护。

　2 对于使用不燃材料建造的建筑,其先天具备防火分隔的条件,则依据现行国家标准《建筑设计防火规范》GB 50016 的相关规定进行防火分隔。

　3 针对木结构建筑,其各层之间采用木梁、木楼板等可燃材料作为分隔。鉴于厨房采用明火,火灾隐患较大,木梁、木楼板又是火灾纵向蔓延的主要途径,因而不应在此类建筑中增设厨房。

4 厨房应设置在靠外墙的房间内,且应设置可开启外窗,改善火灾发生时的扑救条件。厨房所需的通风洞口需按相关规范另行计算。

5.4 安全疏散和灭火救援设施

5.4.1 在保护建筑进行整体改造的情况下,分析目前上海已完成的相关改造案例后发现,此类建筑中仍有较多具备增加疏散楼梯条件的案例,如在室内增加疏散楼梯确有困难的,应寻求在室外增加疏散楼梯的可能性。部分建筑建造初期曾建有室外疏散楼梯,但目前已被拆除,建议在原位置恢复室外疏散楼梯,还原建筑原貌。增设楼梯事宜应经相关主管部门审批。

5.4.2 本条按照《北京市既有建筑改造工程消防设计指南》第3.4.1条与国家标准《建筑设计防火规范》GB 50016—2014 (2018年版)第5.5.17条的相关规定,结合上海市各类保护建筑的特点,在因条件限制无法满足现行规范的情况下,分别对A、B级和C、D级耐火等级的建筑设定布置一部疏散楼梯的相应要求。

5.4.3 根据现行国家标准《建筑设计防火规范》GB 50016的相关规定,不同使用功能的场所应分别布置疏散楼梯。经调查发现,上海现存的保护建筑中,多种使用功能共用疏散楼梯的情况较为普遍。本条参考《北京市既有建筑改造工程消防设计指南》第3.4.2条,对此类保护建筑中共用疏散楼梯的情况作出相应规定。

5.4.4 参考《北京市既有建筑改造工程消防设计指南》,结合上海市保护建筑的特点,敞开楼梯或敞开楼梯间可作为疏散楼梯的条件作进一步的限制。

5.4.5 现行国家标准《建筑设计防火规范》GB 50016对于"安全出口"的定义为"供人员安全疏散用的楼梯间和室外楼梯的出入

口或直通室内外安全区域的出口"。第5.5.9条规定"利用通向相邻防火分区的甲级防火门作为安全出口时,应采用防火墙与相邻防火分区进行分隔"。第6.6.4条规定"连接两座建筑物的天桥、连廊,应采取防止火灾在两座建筑间蔓延的措施。当仅供通行的天桥、连廊采用不燃材料,且建筑物通向天桥、连廊的出口符合安全出口的要求时,该出口可作为安全出口"。通过天桥、连廊等通向相邻建筑物时,应有确保火灾时通向相邻建筑物的安全出口畅通的技术或管理措施,如属于统一产权人或管理人、具有营业存续期间借用安全出口且确保畅通的书面协议等。

本条还明确了保护建筑常见的开敞外廊、室外上人屋面作为室外安全区域的条件。

5.4.7 结合上海市保护建筑中里弄住宅与里弄式花园住宅的特点,在改造、装饰装修过程中,对其疏散楼梯的防火性能改造提出了相应的要求。要求改造后将楼梯耐火极限提升至不燃性1.00 h,且要求改善其宽度和坡度。因这类建筑建造之初,每一单元均考虑独门独户使用,平面布局存在局限性,因此要求楼梯踏步最小宽度和最大高度不小于现行国家标准《民用建筑设计统一标准》GB 50352关于套内楼梯的相关规定。对于有保护要求或其他条件限制的工程,确需保留现有木楼梯构造的,应通过防火处理手段,增加楼梯防火性能。

5.4.8 本条明确了保护建筑改造疏散总净宽不满足要求时可采取的措施。

为了保证人员疏散的安全性,保护建筑各层的疏散总净宽度应符合现行国家标准《建筑设计防火规范》GB 50016的相关要求。当疏散总净宽度难以符合规范要求时,应调整为人员密度较低的使用功能,或采取可靠措施限制使用人员总数。

5.4.9 保护建筑中的里弄住宅与里弄式花园住宅,其外门一般尺寸不小于880 mm,净宽度一般不小于750 mm。为保留里弄建筑风貌特征,结合实际情况,对此类建筑的安全出口宽度限制条件略作放宽。

5.4.10 保护建筑中的里弄式花园住宅以及石库门等外门多为内开,当其改造后作为商业功能时,考虑商业的运营特点,当这些外门在营业时间通常保持开启角度大于90°的常开状态,此时这些外门的内开特征对疏散的影响较小,可认定为安全出口。

5.4.13 人员比较集中且数量多的场所,疏散时在门口附近往往会发生拥堵现象,如果采用带门槛的疏散门等,紧急情况下人流往外拥挤时很容易被绊倒,影响人员安全疏散,甚至造成伤亡。因此,人员密集的公共场所的疏散门不宜设置门槛,门口不宜设置踏步。但是,保护建筑传统形式的院门、宅门、户门可能其原状就已设有门槛和踏步,当这些门槛、踏步作为重点保护部位必须保留时,应采取技术手段提高人员疏散安全性。

5.4.15 为方便实际使用,供消防救援人员进入的门窗洞口不仅开口的大小要在本条规定的基础上适当增大,而且其位置、标志设置也要便于消防员快速识别和利用。必要时,还应标明具体的破拆位置、破拆方法等说明性文字。

5.4.16 根据烟气流动规律,在楼梯间顶部设置一定面积的可开启固定窗可防止烟气的积聚,以保证楼梯间有较好的疏散条件。通过对多起火灾案例的实际研究后发现,在楼梯间的顶部设置固定窗用以及时排出火灾烟气及热量,可以为给灭火救援提供一个较好的条件,保障救援人员生命安全。本条参考《北京市既有建筑改造工程防火设计指南》和《浙江省消防技术规范难点问题操作技术指南(2020版)》制定。

5.5 建筑材料与构造

5.5.1 对于其他替代性措施,应在设计文件中进行详细说明。

对于木构件的防火阻燃措施,应特别关注其对木材颜色、纹理、质感等特征的影响,以及随时间上述特性的变化。

5.6 室内装修

5.6.4 对于其他替代性措施,应在设计文件中进行详细说明。

5.8 重点保护部位的保护

5.8.2 有效、可逆的防火保护措施包括但不限于以下方式:防火分隔、高压细水雾、气体灭火、减氧系统等。

6 建筑消防设施

6.1 消防给水及灭火系统

6.1.2 本条参考上海市工程建设规范《民用建筑水灭火系统设计规程》DGJ 08—94—2007 和北京市地方标准《文物建筑防火设计规范》DB11/1706—2019 的相关规定。

6.1.3 消防软管卷盘和轻便消防水龙是控制建筑物内固体可燃物初起火的有效器材,其用水量小、配备和使用方便,适合非专业人员使用,非常适合用于保护建筑。对于按规范要求可以不设室内消火栓的建筑,消防软管卷盘需与室内给水系统直接连接;按规范要求设有室内消火栓的建筑,消防软管卷盘一般是与室内消火栓一同设置,或者与室内给水系统直接连接。消防软管卷盘应执行现行国家标准《消防软管卷盘》GB 15090 的相关规定。

  轻便消防水龙的布置原则应首先满足火灾自救,设置在公共走道入口等明显且易于取用、便于火灾扑救的位置,必要时可以设置在楼梯平台处。轻便消防水龙为在自来水供水管路上使用的由专用消防接口、水带及水枪组成的一种小型简便的喷水灭火设备,有关要求见现行行业标准《轻便消防水龙》XF 180。

6.1.4 当室内消火栓设置在室外、保护距离过远时,也可考虑将水带串联使用。

6.1.5 根据现行国家标准《消防水枪》GB 8181,多用水枪是既能喷射充实水流,又能喷射雾状水流,在喷射充实水流或喷射雾状水流的同时能喷射开花水流,并具有开启、关闭功能的水枪。

6.1.7 在保护建筑中设置自动灭火系统,还应强调历史文化遗产保护理念。使用的灭火介质不应损害、腐蚀、污染保护要素,也不应附着在保护要素表面难以清理。管网和喷头的布设不应穿墙打洞损坏建筑本体,喷头的布设应相对隐蔽,不应破坏历史风貌。

传统彩绘、壁画、泥塑遇水会损毁,无论是日常的水渍还是灭火过程中被喷射到的水,都会对保护要素产生毁灭性影响。在有这些保护要素的部位确需灭火时,不应选用自动灭火设施,应采用无管网的灭火装置。当采用全氟己酮灭火系统时,可参照《文物建筑氟化酮类灭火系统设计、施工、验收规范》T/WWXT 0028实施。

6.2　防烟、排烟及通风空调系统

6.2.1　现行国家标准《建筑防烟排烟系统技术标准》GB 51251、上海市工程建设规范《建筑防排烟系统设计标准》DG/TJ 08—88对封闭楼梯间、防烟楼梯间、独立前室、合用前室及消防电梯前室的防烟设计作出了明确规定,保护建筑往往难以满足这些要求。对于采用自然通风防烟方式的部位,在不改变其原有历史文化元素和价值以及建筑外立面造型等特性的基础上,具备条件时可采用机械加压送风的防烟方式。不具备条件的,可维持原状,但应保证这些部位已有可开启外窗的开启可靠性。

6.2.2　现行国家标准《建筑防烟排烟系统技术标准》GB 51251、上海市工程建设规范《建筑防排烟系统设计标准》DG/TJ 08—88对自然排烟窗(口)的高度、开启形式、均匀性、间距、尺寸等作出了明确规定,保护建筑内原先采用自然排烟方式的场所往往难以满足这些要求。对于这类场所,具备条件时可采用机械加压送风的防烟方式。不具备条件的,可维持原状,但应保证这些场所已有自然排烟窗(口)的开启可靠性。

可用安全疏散时间(ASET)可通过火灾动力学场模型软件计算求得。必需安全疏散时间(RSET)可用下式计算求得。

$$RSET = t_{alarm} + t_{resp} + \alpha t_{move}$$

式中：t_{alarm}——探测报警时间（从火灾发生到火灾探测与报警装置发出报警信号的时间）；

t_{resp}——人员反应时间（人员从火灾警报之后到疏散运动开始之前的这段时间间隔，人员反应时间与建筑物所采用的报警系统有关）；

t_{move}——运动时间（从疏散开始至所有人员进入安全区域的时间，一般通过计算机模拟得到）；

α——安全系数。

6.2.3 本条系根据国家标准《建筑设计防火规范》GB 50016—2014（2018年版）第9.3.14条、第9.3.15条的要求制定。通风、空气调节系统的风管是火灾、烟气蔓延的主要途径，因此对保护建筑通风、空气调节系统风管及绝热材料的燃烧性能提出了更高的要求。

6.3 消防电气

6.3.4 连续供电要求高的供电回路不包含消防负荷和所有一、二级负荷。

下列场所建议采用故障电弧断路器：民用建筑中的木结构历史保护建筑；具有书画纺织品等可燃藏品的博物馆；医院病房、老年公寓、全托幼儿园、学生宿舍；工业或商业建筑中生产和储存具有可燃粉尘、纤维、花絮的火灾危险场所。

故障电弧断路器不仅可以过载保护和短路保护，还能有选择地区分无害电弧和潜在危险电弧。通过识别电路中的电弧故障特征信号，在电弧故障发展成为火灾或电路出现短路之前断开电源电路，广泛用于电气防火。

6.3.8 保护建筑的火灾以电气火灾最为突出。电气火灾主要是由电气设备或线路故障等引发的。根据经验，预防电气火灾较为有效的做法是设置电气火灾监控系统和消防设备电源监控系统。本条从提高保护建筑安全性的角度考虑，在现行规范要求的基础上适度加强。

住宅户内因设有漏电保护，故电气火灾监控探测器可不设置。

6.3.9 因保护要求，保护建筑设置火灾自动报警系统确有困难时，可采用具有无线组网功能、集中平台或移动终端报警功能的独立式火灾探测报警装置。

6.3.10 借鉴国内外经验，火灾探测装置可及时探测火灾并发出警报，提醒现场人员迅速报警并疏散逃生，具有技术成熟、安装方便、维护简单、成本低廉、效果明显等特点，是防范应对各类居住、养老等场所"小火亡人"灾害的有效技术手段。住宅、养老服务、托幼机构、社区居民活动场所类保护建筑确有困难时，应安装独立式火灾探测器。

当火灾探测器采用无线通信时，应确保报警信息、故障信息及时传输到控制器，并同时确保电池供电时间不应少于3年。

6.3.11 火灾探测器的选择和系统设备的设置应遵循人防与技防相结合的原则，根据被保护建筑的特点、自然环境等条件，采用简单、实用、可靠且对保护建筑影响最小的形式。如在灰尘较多的闷顶、有烧香或炊烟的场所采用吸气式感烟探测器，系统维护的人力、财力投入不足时往往带来较高的误报率；传统建筑顶部往往有穿堂风现象，烟气羽流难以上升到探测管设置位置；湿度较大的地区可能导致吸气式感烟探测器内部金属部件锈蚀。因此，对于一般级别的建筑不建议采用吸气式感烟探测器。

保护建筑闷顶或吊顶内往往积聚较多灰尘，在外界刮风、有鸟兽进出时会导致感烟探测器误报，应采用感温火灾探测器。

6.3.13 现行国家标准《火灾自动报警系统设计规范》GB 50116要求火灾自动报警系统应设置火灾声光警报器，并应在确认火灾后启动建筑内的所有火灾声光警报器。其主要目的是在发生火灾时对人员发出警报,警示人员及时疏散,对保障人员的安全具有至关重要的作用。

对于规模较小的保护建筑,在首层主要出入口设置火灾警报器。当整座建筑的声压级不低于 60 dB、在环境噪声大于 60 dB 的场所其声压级应高于背景噪声 15 dB 时,其他楼层可不设置火灾警报器。

住宅保护建筑规模一般不大,为了便于安装维护,可仅在建筑的主要出入口设置火灾警报器。

6.3.14 现行国家标准《火灾自动报警系统设计规范》GB 50116 要求集中报警系统和控制中心报警系统应设置消防应急广播。采用集中报警系统和控制中心报警系统的保护对象多为高层建筑或大型民用建筑,这些建筑内人员集中又较多,火灾时影响面大,为了便于火灾时统一指挥人员有效疏散,要求在集中报警系统和控制中心报警系统中设置消防应急广播。多年的灭火救援实践表明,在应急情况下,消防应急广播播放的疏散导引的信息可以有效地指导建筑内的人员有序疏散。

鉴于保护建筑一般规模不大,并多数采用区域报警系统。设计人员可结合使用功能、人员密度、疏散能力,在对外开放的保护建筑中合理设置消防应急广播系统,或采取其他能发出火灾警示和提示人员疏散的措施替代消防应急广播系统。

从最小干预原则出发,对于不对外开放的保护建筑,以及已经设置火灾声光警报器的小房间,由于人员少、熟悉疏散路径、疏散路径简洁,可不设置消防应急广播。

7 施工和使用期间防火

7.2 使用期间防火

7.2.3 本条为保证消防车道满足消防车通行和扑救建筑火灾的需要,对消防车道和消防车登高操作场地规定了原则要求。除高层建筑需要设置消防救援操作场地外,一般建筑均可直接利用消防车道展开消防救援行动。因此,消防车道与建筑间也要保持足够的距离和净空,避免高大树木、架空高压电力线、架空管廊等影响消防救援作业。

7.2.4 本条规定了保护建筑中用电器具的防火要求,以预防和减少因开关、插座使用或安装不当,照明器表面的高温部位靠近可燃物等原因所引发的火灾。

建筑内照明灯具应尽量采用表面不会产生高温的节能灯具,避免采用卤钨灯等高温灯具和大功率灯具;高温照明灯具要与可燃物保持一定距离。开关、插座等应采用隔热物体与可燃物隔开,不应直接安装在可燃物体上。对于房间内照明灯具下部存在可燃物时,应尽量采用具有防护罩的灯具。